V 2389. porté.
J.

AF475096

2174

RÉFLEXIONS

SUR

L'HORLOGERIE EN GÉNÉRAL,

ET SUR LES HORLOGERS DU ROI EN PARTICULIER.

Par M. BELIARD,
Valet de Chambre-Horloger du Roi, en survivance.

A LA HAYE,

Et se trouve à Paris,

Chez MÉRIGOT, Pere, Quai des Augustins, près la rue Gist-le-Cœur.

M. D. C C. L X V I I.

RÉFLÉXIONS

SUR

L'HORLOGERIE EN GÉNÉRAL,

Et ſur les Horlogers du Roi en particulier.

DÈS qu'un Art forme un objet ou une branche conſidérable de Commerce, il mérite les regards bienfaiſans du Miniſtère ; mais ſi c'eſt un Art ſupérieur qui, par ſa nature, entraîne la perfection de pluſieurs autres, les titres redoublent, & dès-lors il mérite du Gouvernement la protection la plus particulière. Il n'y a point d'Art, j'oſe le dire, qui ſoit plus dans ce cas que l'Horlogerie ; les progrès de l'Aſtronomie & de la Navigation dépendent de ſa perfection ; elle fournit à l'une les moyens d'obſerver avec préciſion les temps des mouvemens & des révolutions des Aſtres ; à l'autre elle lui donnera, & tout l'annonce, les moyens d'avoir à la Mer l'heure du lieu d'où on eſt parti ; ou autrement d'y avoir la longitude. L'Horloge, rie ſauvera par cette découverte la vie à des milliers d'hommes, & fournira un moyen ſi facile de déterminer la poſition des lieux, qu'en trente ans on perfectionnera plus la géographie du globe, qu'on ne le feroit en cent avec les méthodes ordinaires. Deplus, comme il n'y a point d'Art qui demande autant d'adreſſe & de délicateſſe dans l'exécution que l'Horlogerie, elle founit un nombre d'habiles Ouvriers, capables d'exécuter toutes ſortes de machines avec la plus grande préciſion; & cette préciſion, cette adreſſe de la main ſe communiquent à tous les Arts qui peuvent en dépendre, ou avoir quelque relation avec elle.

La perfection où a été portée l'Horlogerie de France, depuis près de quarante ans; la réputation qu'elle a acquiſe chez l'Etranger l'a rendue l'objet d'un commerce très-étendu. Les Anglois où elle étoit autrefois ſi ſupérieure à la nôtre, & qui nous fourniſſoient des Montres pour leſquelles il ſortoit des ſommes conſidérables du Royaume, non-ſeulement ne nous en envoyent plus, mais en tirent beaucoup de France. Enfin, l'Horlogerie Françoiſe a acquis une telle réputation dans toute l'Europe, que la plûpart des Nations n'ont preſque plus d'autres Montres que des Montres Françoiſes, ou faites à leur imitation.

Mais cet état brillant d'un Art ſi utile, eſt peut-être au moment de s'évanouir, & ce commerce d'Horlogerie, ſi avantageux, ſur le point de ſe perdre par les abus qui s'y ſont gliſſés; heureux peut-être encore ſi ces abus, qui font tous les jours des progrès ſi funeſtes, ne parviennent pas tellement à abâtardir ce bel Art, qu'après avoir fourni d'Horlogerie l'Europe, il ne faille aller nous en fournir ailleurs, & qu'au lieu d'attirer l'argent de l'Étranger, nous ne nous trouvions obligés de lui porter le nôtre. Tel est cependant la nature de ce mal, qui pourra bien à la vérité, ne pas paroître si dangereux à beaucoup de personnes, qui ne sont pas à portée d'en être instruits à fond, comme les gens de l'état; tel est, dis-je, la nature de ce mal que nous n'envisageons qu'avec douleur que nos craintes peuvent avoir un effet très-réel, à moins que par un hazard inattendu, les choses ne changent d'elles-mêmes, comme cela arrive quelquefois, ou que par une attention particulière du Gouvernement, on ne travaille à réformer ces abus.

Ce mal qu'il est essentiel de faire connoître en détail, quoiqu'il ne puisse être tout-à-fait ignoré, puisque les Horlogers n'ont cessés de s'élever contre, a déja été attaqué publiquement par quelques-uns de mes Confrères (*) dans une de ses parties la plus importante. Il tire sa source de plusieurs causes; la première & celle qui est peut-être l'origine de toutes, est l'introduction d'une quantité immense de méchante horlogerie étrangère, tant de Genêve que de Suisse, établie, ou prête à établir (**) par des Marchands, & quelquefois par les Horlogers eux-mêmes. Cette horlogerie a tellement absorbé la nôtre, qu'à

(*) Entr'autres par M. le Roy, fils de feu le célèbre Julien le Roy, il y a seize ou dix-sept ans, & depuis par M. le Paute.

(**) On entend en Horlogerie par *établie*, celle qui arrive avec boëte, cadran & aiguilles; enfin, prête à mettre dans le gousset: par prête à *établir* ou *non-établie*, celle qui arrive sans boëte, quelquefois sans cadran ni aiguilles, & à laquelle on fait faire ici toutes ces choses.

peine en peut-on reconnoître une petite partie qui ait échappé au naufrage presque général, où elle est entraînée par l'autre. Secondement, le commerce aussi immense qu'absurde que font de l'horlogerie les Marchands, les Bijoutiers, les Tapissiers, les Fripiers, dont ils empoisonnent la Capitale, la Province & l'Étranger. Troisièmement, le charlatanisme de quelques Horlogers, eux-mêmes, qui s'y sont en quelque sorte vus forcés, pour tâcher de rappeller à eux un commerce qui leur est enlevé par tant de gens, qui semblent & qui devroient en effet n'y avoir aucun droit. Ce sont-là les trois articles principaux sur lesquels il me paroît indispensable d'entrer dans quelques détails.

L'introduction sans bornes & sans mesure de tant de Montres, de Genêve & de Suisse, a nui de toutes les façons à l'horlogerie de France; les Montres que l'on vend toutes faites, par la médiocrité de leur travail, la légèreté de leurs boëtes, le mauvais titre de leur or, ont accoutumé le Public à un prix si bas, que la plûpart des Horlogers, pour ne pas trop perdre dans la concurrence de commerce & pouvoir vendre leurs Montres, se sont vûs obligés d'en baisser le prix, & par conséquent de diminuer sur la qualité de l'ouvrage, ou même d'employer de ces mouvemens de Montres de Genêve, non-établis. En outre, le stratagême intolérable, & sans remède, que ces Étrangers ont imaginés, de mettre sur leurs Montres les noms de Artistes les plus célèbres, a encore fait le plus grand tort à notre commerce, particulièrement dans nos Colonies, où il l'a presque totalement anéanti; les Pacotilleurs les ayant tellement infecté de ces mauvaises Montres, à grands noms, que leurs habitans qui n'ont guères d'autre manière de les reconnoître qu'aux noms qu'elles portent, ne veulent presque plus entendre parler de Montres Françoises. Ainsi, cette branche de commerce, très-considérable, est au trois quarts perdue par cette manœuvre, qui nous a pareillement beaucoup nui dans les différens États de l'Europe.

L'Horlogerie Gênevoise, non-établie, nous a peut-être encore été plus préjudiciable par la grande facilité qu'elle a donné aux Marchands & aux Bijoutiers de faire ce commerce; ces hommes qui n'ont pas les moindres notions de cet Art, ni souvent d'aucun autre, ont trouvé des commodités infinies à se servir de ces espèces d'ouvrages, avec lesquels en faisant faire des cadrans, des boëtes, un emboëtage, par des Ouvriers toujours médiocres, & souvent mauvais, ont tout-d'un-coup, sans peine & sans soins, des pièces d'horlogerie toutes prêtes à vendre, sous le nom des Maîtres de Paris qu'ils ne manquent pas d'y mettre, non plus que d'assûrer aux Particuliers qui les achettent, qu'ils les leur ont très-sûrement fait faire. Un commerce frauduleux de ce genre; (car s'en est effectivement un à tous égards, puisqu'il ne s'agit pas en horlogerie comme en bien d'autres choses, d'un peu plus ou d'un peu moins de valeur, mais qu'une mauvaise Montre ne vaut en effet rien du tout); un commerce de ce genre, dis-je, peut ne pas paroître au premier aspect intéresser le ministère, puisqu'il importe peu, dans le point-de-vuë du commerce général, que ce soit un Marchand, un Bijoutier ou un Horloger qui vendent des Montres, & qui en envoyent chez l'Étranger, pouvu que la même quantité se débite &

y passe. Cependant cet abus est de la plus grande importance, par les raisons que je vais exposer & tâcher de rendre si sensibles, qu'on ne puisse s'y refuser.

On voit par ce que je viens de dire que toute l'horlogerie qui se vend chez les Marchands, est de Genève ou de Suisse; il faut ajouter à cela que ces sortes d'ouvrages, pour en pouvoir tirer quelque service, ont indispensablement besoin d'être examinés & revus; (ce qu'en termes de l'Art on appelle *repassés*) par un Horloger intelligent, qui sache réparer avec habileté les négligences & les infidélités qui ne manquent jamais de se trouver, même dans les meilleurs; que les Marchands, loin d'être dans ce cas, ne s'occupant que des ornemens de la boëte, ou des choses de goût, les seuls où ils s'étudient, sans trop souvent y réussir, négligent totalement l'ouvrage où ils ne connoissent rien, n'employant que des Ouvriers pour le moins médiocres, comme nous l'avons dit, qui, chicanés très-souvent pour le prix, ont le double plaisir de tromper un homme qui ne s'y connoît pas, & de se venger de lui voir faire un commerce qu'il ne fait que par usurpation sur le leur. Que résulte-t-il de-là? Que les Marchands infectant Paris, la Province & l'Étranger, de ces méchantes Montres, sous le nom des meilleurs Artistes, détruisent sourdement, mais immanquablement la réputation & le commerce de l'Horlogerie Françoise, tant dans le Royaume que dans les autres États où il est établi.

Cet abus qui n'étoit rien autrefois, parce que les Marchands vendant bien moins d'horlogerie que les Horlogers, il n'en résultoit qu'un effet peu considérable; mais aujourd'hui qu'il a fait les plus rapides progrès, il entraîne à pas de Géant la ruine de l'horlogerie, parce qu'à la honte de la raison & du sens commun les Marchands vendent infiniment plus de Montres & de Pendules que les Horlogers, & que ceux-ci ne seront bientôt plus que leurs Ouvriers. Le luxe qui tous les jours augmente si étonnamment, ayant fait des ornemens de la boëte & des accessoires de la Montre un objet de valeur du double, & souvent du triple de celui du mouvement, on s'en occupe par préférence à ce dernier; & comme tous ces ornemens & ces accessoires paroissent une affaire de bijouterie, par l'affinité qu'ils ont avec une partie des autres bijoux, on s'adresse aux Bijoutiers, comme s'il n'y avoit qu'eux qui pussent avoir le goût nécessaire à ces sortes de choses; & grace à cet amour frivole des prétendues choses de goût, nous parvenons à avoir les plus jolies *patraques* possibles, en place des excellentes Montres, dont nos peres se contentoient encore il y a douze ou quinze ans; avec encore autant de temps, si l'on ne remédie à cet abus intolérable, il y a lieu de croire que c'en sera fait de l'Horlogerie, & que ce bel Art qui, dans sa proportion, a illustré & enrichi la Nation autant qu'aucun autre, dépérira, s'anéantira totalement & passera chez nos voisins. Je le prédis avec regret, si des Artistes célèbres continuent de se voir ravir le fruit de leurs travaux, & enlever le bénéfice légitime qui peut les récompenser de leurs veilles, si des hommes avides & intéressés, sans talens par eux-mêmes deviennent les usufruitiers des talens des autres, & insultent dans leur opulence à la médiocrité de la fortune des Artistes laborieux & rares, à qui ils doivent leurs richesse, l'événement ne tardera pas à justifier la prédiction : déjà la plus grande partie des Horlogers se promettent bien de ne point élever leurs enfans dans un état où des travaux longs & pénibles font à peine vivre dans la médiocrité.

A l'égard des Pendules, le commerce n'en est pas plus avantageux pour les Horlogers, & tous les mêmes inconvéniens ont encore lieu pour elles ; les Marchands en vendent autant qu'eux, sans compter les Tapissiers & les Fripiers, qui, en meublant les appartemens, ne manquent presque jamais de les fournir, de même que les Bijoutiers en vendant les bijoux de mariage, vendent les Montres de nôces, de maniere que de toute l'Horlogerie qui se vend à Paris, on peut être assûré qu'à peine le tiers est-il acheté chez les Horlogers. Mais les Pendules, me dira-t-on, il n'en vient point d'étrangeres, ou du moins très-peu qui nous passent de Suisse ; cela est vrai, répondrai-je ; mais le Public n'en est cependant pas moins attrapé & cette partie de l'Horlogerie françoise n'en perd pas moins sa réputation, & voici comment. Ces Marchands, ces Bijoutiers, Tapissiers & Fripiers, tout cela est à peu près sinonymes quant à leur connoissance en Horlogerie, les uns & les autres, on ne peut trop le répéter, n'y entendant rien. Tous, au contraire ne cherchent que le bon marché, n'employent que les Ouvriers du Fauxbourg St. Antoine, les moindres de Paris en général, devenus encore moindres qu'ils ne seroient naturellement, par l'habitude de travailler pour des gens à qui ils peuvent tout passer & qu'ils sont maîtres d'attraper tant qu'il leur plaît.

Si

Si l'usage ne nous cachoit pas ce qu'a de ridicule cette coutume d'aller se pourvoir chez un marchand des productions d'un art qu'il ne connoît ni ne peut connoître, on ne croiroit jamais que dans une ville où l'Horlogerie est montée à un degré de perfection si singulier & où les plus habiles Artistes en ce genre se trouvent rassemblés en assez grand nombre; on abandonne leurs ateliers pour aller se pourvoir chez des marchands des essais de leurs apprentifs, pour courir chez des gens, qui par état, font vœu de ne savoir rien (*) que mettre à profit l'inconséquence & la folie des autres. S'imagineroit-on qu'on laisse le cabinet d'un Horloger pour aller chercher des Pendules chez un fabriquant de fauteuils & d'ottomanes, ou dans la boutique d'un marchand de vieux habits? En voilà bien assez sans doute, pour prouver incontestablement les deux premieres causes de la décadence dont l'Horlogerie est menacée en France; reste la troisiéme, je veux dire le charlatanisme de quelques Horlogers: cependant cette cause a des effets bien moins dangereux à tous égards que les deux autres, parcequ'elle ne consiste qu'à chercher à s'attirer la confiance du public par préférence à ses confreres, & ne tend point à la destruction de l'art. Nous sommes d'ailleurs dans le siécle du charlatanisme; la contagion a gagné tous les états: comment l'horlogerie seule auroit-elle pu s'en ga-

(*) On sait que les Marchands sont astraints par leurs statuts à ne rien pouvoir fabriquer par eux-mêmes, & à ne vendre que les ouvrages des autres.

tantir ? Mais montrons en gros en quoi consiste ce charlatanisme & apprenons au Public à n'en pas toujours être la dupe, si nous ne pouvons pas l'empêcher de l'être encore quelquefois.

Je n'entrerai pas dans de grands détails & ne divulguerai pas avec étendue tant de petites manœuvres que plusieurs Horlogers mettent en usage pour surprendre la confiance & se faire croire plus habiles que d'autres ; comme par exemple, l'affectation dans les enseignes & les adresses où quelques-uns prennent le titre d'Horlogers du Roi, on ne sait pourquoi, & peut-être sans avoir jamais touché une seule des Montres ou Pendules de Sa Majesté, mais toujours au détriment de ceux qui le sont en effet. Je ne m'arrêterois pas à parler de ceux qui prennent le titre d'Horlogers de la Maison du Roi, si ce titre n'étoit pas si singulier ; comme si on fournissoit la Maison du Roi de Montres, comme de bottes & d'épées, & qu'on ne sçût pas que ce titre n'a jamais eu ni pu avoir de fondement réel.

Pour des Horlogers du Roi il y en a quatre par charge, & deux (l'un desquels j'ai l'honneur d'être) qui sont reçus en survivance, ensuite, deux par brevet avec logement aux Galleries du Louvre ; l'un desquels est le fils du célebre Julien le Roy, très-avantageusement connu lui-même & très-digne d'un tel pere ; l'autre est M. le Paute : cela fait huit ; de ces huit, quatre n'ont point d'établissement apparent dans Paris ; des quatre autres M. le Roy ne prend point la qualité d'Horloger du Roi, qu'il ne met ni sur son plafond ni sur ses ouvrages ; reste donc à trois, entre ceux réellement autorisés à la prendre, qui la prennent en effet ; & cependant je suis persuadé qu'on en trouve plus d'une douzaine dans Paris qui se décorent de ce titre, par lequel ils espèrent faire accroire qu'ils sont plus habiles que leurs confreres. On pourroit regarder ces observations comme triviales, & sûrement je ne m'y arrêterois pas, si la nation justement fondée à croire que les Artistes employés par le Roi sont les plus habiles, n'étoit pas la dupe de nombre de mauvaises Montres qu'on lui fait acheter à l'aide de ce titre usurpé.

Je ne parlerai point de mille autres différentes charlatanneries employées par d'autres qui se donnent presque tous pour avoir travaillés pour les plus habiles Artistes, particulierement Julien le Roy, que souvent ils n'ont ni vu ni connu, & dont on pourroit très souvent répondre au contraire, qu'ils n'ont jamais été en état de connoître le mérite. Je n'entrerai point dans le détail d'une infinité d'autres petites ressources de l'ignorance ; je viens tout de suite aux grands moyens par lesquels on prétend en imposer & on en impose en effet à presque tout le monde. Des inventions nouvelles ou prétendues telles, des mémoires sur l'horlogerie, des certificats dont on fait retentir les Journaux, qui ne sont souvent que des certificats de l'ignorance & du charlatanisme de leurs auteurs, mais où le Public ne manque jamais d'être attrapé, parcequ'il n'est pas à portée de connoître la fausseté de toutes ces soidisantes découvertes. Que de plagiats ! que de choses déguisées ! que d'inventions ridicules ont paru & reparu, toujours pour être abandonnées par la suite, même par leurs auteurs, dont on a fatigué le public, depuis une douzaine d'années que les Horlogers se sont mêlés d'écrire ou de faire écrire pour eux, même de gros volumes, comme quelques uns ont fait!

Un habile Artiste, trouve une idée ingénieuse en Horlogerie; un de ses confreres à qui il en confie le secret & l'éxécution, essaye délicatement de s'en approprier l'invention & à la faveur du bruit que fait la dispute qui s'éleve entr'eux, se fait une certaine réputation. Un autre fait quelques changemens à un ancien échappement, en fait grand bruit, le donne pour de lui & le garde effectivement; car le premier inventeur est mort il y a longtemps; & parmi les Horlogers qui vivent, aucun n'a plus d'envie de le réclamer que de s'en servir. Celui-ci par un effort d'imagination merveilleux trouve le secret de supprimer la fusée, le barillet, la chaîne, & parvient à faire de très-mauvaises Montres; mais, je l'avoue, de l'exécution la plus parfaite qu'il soit possible. Celui-là croit imaginer un quantieme de mois, de lune même, conduit par le crochet de fusée, crie aux Montres nouvelles, quoiqu'on lui en dispute l'invention, & que sur l'exposé des faits il ne soit pas aussi aisé de voir à qui elle appartient réellement, que d'être sûr qu'elle ne méritoit guères la peine d'en parler (*)

(*) Cette maniere de quantiéme, très-bonne en ce qu'elle ne charge point le mouvement, est d'un autre côté si sujet à faute, qu'il n'est gueres possible de l'employer. Le monde est plein de gens qui tâtonnent en remontant leurs Montres, qui feroient changer le quantiéme deux ou trois fois au lieu d'une. Combien de fois n'arrive-t-il pas d'ailleurs qu'on croit avoir oublié de remonter sa Montre & qu'on recommence une seconde fois, & voilà encore le quantiéme derangé.

Un cinquieme, contre les bons principes de l'horlogerie, qui prouvent que toutes les Montres à huit jours, ne peuvent être aussi bonnes que les autres, pour être plus sûr de son fait, en fait une à un mois & trouve le moyen d'y mettre un échappement qui bat les secondes. Un sixieme, par la disposition d'un calibre où toutes les pieces sont rapprochées les unes des autres & réduites à la grandeur de celles d'une petite Montre dans une boëte de la grosseur d'une Montre ordinaire, parvient à découper la platine & à faire très agréablement de méchantes Montres. Un autre, mais à la vérité celui-là n'est pas Horloger, par une imitation mal entendue de ce que feu M. Julien le Roy avoit imaginé très-avantageusement pour les Pendules à répétition, a trouvé le secret de faire des Montres où l'on cache le balancier & l'échappement pour nous montrer la cadrature. On a de la peine à concevoir comment on imagine de cacher les mouvemens du balancier, lorsqu'il est si agréable & si important de voir ses vibrations, & que de ses effets avec la roue de rencontre, dépendent en partie la justesse des Montres & les trois quarts des causes d'arrêt de ces petites machines. L'auteur, qui peut être parfaitement tranquille sur la possession de son invention & ne jamais craindre de plagiaires, est cependant un homme de beaucoup de mérite & très-estimable à une infinité d'égards.

Parlerai-je encore d'un autre, le plus fastueux de tous ces inventeurs, & certainement un de ceux qui a le plus de mérite, auteur d'un gros livre où avec beaucoup de bonnes choses il s'en trouve tant d'inutiles, rempli d'ailleurs d'une théorie très-incertaine & que vingt années d'expériences ne suffiroient pas à vérifier ; où l'on vante & fait grand bruit de Montres à répétition, à équation, marquant les quantièmes de mois, les jours de la semaine, les phases de la lune, tant de choses enfin qui ne peuvent que nuire à la vraie bonté de ces ouvrages, & qu'on est surement trop habile pour ne pas être intimement persuadé qu'elles sont tout-à-fait contraires aux vrais principes de l'art. Pourquoi ternir des connoissances & un talent très suffisant pour se faire une grande réputation, par une affectation de science déplacée ? quel exemple pour les autres!

Je ne finirois point si je voulois entrer dans un détail circonstancié de tant d'inventeurs & d'inventions prétendues & ridicules, appuyés de certificats & vantés par des mémoires dans les Journaux. Venons au fait, qu'en est-il résulté ? qu'en reste-t'il de toutes ces sublimes inventions ? pas une seule. Cependant la vraie pierre de touche de toutes les nouveautés & de toutes les découvertes & le sceau de leur succès ou de leurs avantages, c'est de rester, c'est d'être adoptés par les Artistes. Qu'on m'en nomme quelqu'une de celles qui ont paru depuis environ une douzaine d'années & plus qui ayent eu cet honneur, & je la reconnoîtrai pour être utile. Mais, dira-t-on, tant de certificats sembleroient prouver.... ils prouvent tout au plus qu'on pourroit être bon Mathématicien & assez médiocre Horloger, parce que la théorie ne supplée jamais à la pratique, tandis que la pratique supplée souvent à la théorie. Mais outre cela, on sait, & on l'a déjà dit, que l'Académie, dans ses approbations, donnoit quelquefois beaucoup à l'encouragement, & aux conséquences que peut avoir une idée qu'on lui présente; & que souvent aussi on publie ses approbations sans y mettre les restrictions & les modifications qu'elle y avoit ajoutées. On me demandera ce que je prétends inferer de tout ceci? Si par un sentiment contraire à celui de l'Académie, je veux détourner de travailler à la perfection de l'Horlogerie, d'un art qui mérite tant qu'on s'y applique? Qui porteroit de moi ce jugement me feroit assurément grand tort; personne n'admirera plus que moi cette noble émulation pour le progrès d'un art que je regarde comme un des plus beaux & des plus utiles: quand je ne serai pas convaincu que, loin que cette émulation si louable entre pour quelque chose dans toutes ces prétendues inventions, elle n'est réellement que l'effet de l'ambition, de l'intérêt & de l'envie de s'enrichir en se faisant croire plus habile que ses confreres; quand je ne verrai pas des apprentifs qui sans se douter encore de la bonté ou des défauts des ouvrages les plus simples, cherchent quelques nouveautés pour faire du bruit, j'applaudirai le premier aux efforts que je verrai faire par un véritable amour de l'art. C'est par des méditations profondes, une pratique longue & réfléchie qu'il faut parvenir lentement à faire des changemens; car ces changemens sont difficiles & ne sont que l'effet du tems & du génie.

De plus de cinquante échappemens inventés depuis moins d'un siécle, un seul en Montre est resté, celui à cilindre; car celui à roue de rencontre dont on se sert le plus, est d'une invention bien plus ancienne. Ajoutez deux ou trois en Pendules, & vous aurez tout ce qui s'est échappé du naufrage où tous ces échappemens ont été submergés. Il en est de même de tant d'autres nouveautés : on peut être sûr qu'à-peine en est-il resté deux sur cinquante, malgré le bruit qu'en ont fait leurs auteurs. Quelle leçon pour ceux qui auroient la démangeaison d'inventer ! Je suis convaincu qu'excepté les Horloges marines, propres à trouver les longitudes, seul côté où les vues puissent encore se tourner utilement, il n'y a peut-être plus de découvertes ni de changemens de quelque importance à faire dans les Montres & les Pendules d'un usage ordinaire; car je ne parle point de toutes ces piéces avec les quantièmes du mois, les phases de la lune, l'équation, le cours des planettes, & tant de choses de ce genre plus curieuses qu'utiles, plus capables de nuire à la véritable perfection de l'Horlogerie, au moins quant aux Montres, que d'y contribuer, parce qu'en effet, cela ne sert qu'à charger ces machines d'une multitude d'effets contraires à leur justesse, très-sujets à manquer, très-difficiles & très couteux à raccommoder, & qu'enfin un Artiste raisonnable ne doit jamais donner un moment à ces sortes d'ouvrages, que par le desir & les ordres exprès de quelqu'un qu'il ne puisse refuser, & après avoir fait ses protestations contre.

D'après ces réflexions, d'après tant de nouveautés si promptement éclipsées, j'ai cru qu'il falloit être extrêmement circonspect & ne pas hazarder aisément de nouvelles inventions; j'ai cru qu'il valoit beaucoup mieux faire de bonnes Montres, que d'en faire de nouvelles, s'attacher à éxécuter dans la plus grande perfection possible des ouvrages sur des principes, sinon absolument certains, du moins bons & éprouvés, que de passer sa vie à imaginer des nouveautés toujours douteuses, souvent extravagantes, & qu'on ne peut jamais porter à leur perfection, cette perfection n'étant que l'ouvrage du temps, & qu'en attendant on trompe souvent le Public avec ces essais qu'on lui fait encore acheter bien plus cher que des ouvrages ordinaires, beaucoup meilleurs. Tel est le sort de tous ceux qui ont eu la bonté de se laisser persuader d'acheter à très-haut prix de ces ouvrages, ils n'en ont presque jamais tiré de service.

Les Montres, même à répétition, au degré de perfection où elles sont parvenues de nos jours, sont admirables, & aussi sûres dans leurs effets qu'elles peuvent jamais l'être suivant les apparences; mais toutes les fois qu'on voudra les charger de cette multitude de mouvemens, dont j'ai parlé, il n'y a qu'un instant, quand on les fera aller un mois, même huit jours on ne fera que de mauvaises Montres, & quelqu'étalage de science qu'on affecte pour en imposer au Public, & lui faire croire le contraire, on ne sera réellement qu'un Charlatan, sous le masque d'un homme supérieur. Qu'on interroge là-dessus le général des Artistes, il n'y en a pas un, parmi ceux qui ne sont pas tout-à-fait ineptes, qui ne puisse faire de ces merveilles d'horlogerie. Mais tous conviendront que ce sont des drogues, & presqu'aucun n'en voudroit entreprendre, que pour ne pas refuser un curieux, qui desireroit d'avoir un ouvrage où tous ces effets se trouvassent réunis, content d'avoir le meilleur qu'il soit possible dans ce genre. Mais si quelqu'un vouloit se faire croire un mérite particulier, parce qu'il se seroit adonné à faire des ouvrages de ce genre, ce seroit le comble du charlatanisme; ce seroit précisément ce qui devroit donner de lui l'opinion contraire, si le Public pouvoit être en état de connoître réellement ce qui constitue la bonne ou mauvaise Horlogerie; le vrai habile-homme, de celui qui veut le paroître.

Cet homme ne paroît point ami des nouveautés, diront bien des gens, peut-être par incapacité d'en donner, ajouteront quelques-autres, vrai semblablement mes Confrères; sur-tout ceux qui sont si féconds en inventions. Voici ma réponse. J'ai travaillé pendant près de vingt ans pour feu M. Julien le Roy, sans contredit le plus habile Horloger de France, & peut-être d'Europe, quelques années pour son fils, très-digne successeur de son père, dont il soutient la réputation avec éclat. Je ne crains point que ce que j'avance ici, puisse être atteint du petit vice de charlatanerie que je reprochois plus haut à quelques-uns de mes Confrères; les fils de M. Julien le Roy ne me démentiront pas, & bon nombre de lettres de cette homme célèbre sur ses inventions que j'exécutois le premier, attesteroient la vérité de ce que je dis ici. J'ai, dis-je, travaillé vingt années pour cet Artiste rare, & de l'imagination la plus féconde; je me flatte d'après cela qu'on n'aura pas de peine à croire que si j'eusse été un peu tourmenté du desir de me donner pour Inventeur, il eût été bien difficile que je n'eusse pas pû imaginer, aussi-bien que beaucoup d'autres, quelques nouveautés, comme j'en vois tant dans un Art où je suis né, & où je m'exerçois avant ma douzième année. La vérité est que je pense comme je l'ai dit, que dans l'état où se trouve l'Horlogerie, il y a peu de choses encore à faire pour la porter au plus haut degré de perfection; & ce dernier pas, comme le plus difficile, ne peut être le fruit de quelques idées passagères & mal digérées. Fasse le Ciel que tant de génies sublimes, & tant d'inventions admirables ne concourent pas avec les autres que je viens d'indiquer à faire dégénérer l'Horlogerie, & lui faire perdre la splendeur où elle se trouve encore parmi nous !

Par tout ce que je viens de dire, je crois avoir suffisamment fait connoître les trois principales sources de la décadence dont l'Horlogerie est menacée; & il me paroît que lorsqu'il est question de voir anéantir une branche de Commerce considérable, & de perdre un Art important, & par lui-même & par les services qu'il peut rendre & qu'il rend tous les jours aux sciences les plus intéressantes; & enfin par l'influence dont il est pour la perfection de plusieurs autres Arts, rien n'est plus digne d'attirer l'attention du Ministère. Je n'entreprendrai point d'exposer ici les moyens qu'on pourroit employer pour arrêter ces abus dont j'ai parlé, les lumières étendues des Ministres zèlés, qui sont à la tête de l'administration, leur feront appercevoir les remédes qui leur conviennent, bien mieux que je ne pourrois le faire. Je m'estimerois trop heureux si les foibles considérations que je viens de mettre sous les yeux peuvent être de quelque utilité au Public, & rendre quelques services à un Art qui paroît un des plus estimables.

Si l'attachement d'un Artiste à l'Art qu'il professe a dû faire excuser les efforts que je viens de faire pour soutenir l'éclat du mien, je me flatte que l'honneur que j'ai d'être Horloger du Roi me fera pardonner d'ajouter ici quelques réflé-xions destinées à soutenir les avantages d'une Charge qui nous donne déja celui d'approcher de la personne de Sa Majesté, & qu'après l'énumération d'une partie des abus qui affligent l'Horlogerie en général, on me permettra de dire deux mots de quelques-uns de ceux qui regardent les Horlogers du Roi en particulier, & dont eux-seuls ont à gémir.

Depuis plusieurs années, la plus grande partie des ouvrages d'Horlogerie, dont on a eu besoin à la Cour, n'a point été fournie par les Horlogers du Roi. Par quelle raison affligeante & douloureuse pour eux, ont-ils été privés de cet honneur qu'ils ambitionnent, bien plus par gloire que par intérêt, & qu'il semble qu'on ne peut leur ôter sans leur faire une sorte d'affront? Ne les auroit-on pas crus aussi en état de fournir de bonne Horlogerie que les autres? Comment cela se pourroit-il? le Roi ne doit-il pas avoir auprès de lui ce qu'il y a de mieux dans chaque état? On pourra dire, qu'en faisant comme on fait, cela n'importe en rien, puisqu'on se pourvoira d'Horlogerie chez d'autres, si les Horlogers du Roi ne sont pas en état d'en donner de bonne. Mais cette manière de raisonner ne me paroît pas sans réplique, & est fondée sur un principe injuste. Ceux qui sont attachés à Sa Majesté doivent avoir, & ont tous la noble ambition de le servir, en faisant chacun dans son département les fournitures relatives à son état. Pourquoi les Horlogers de Sa Majesté seroient-ils privés de cette gloire, &

des avantages qu'ils doivent en espérer ? En se pourvoyant d'une Charge qui ne rapporte presque rien, en raison du déplacement qu'elle occasionne & de l'interruption qu'elle apporte dans les affaires; ils sacrifient une partie de leur fortune, pourquoi n'en trouveroient-ils pas les dédommagemens qu'ils sont en droit d'en attendre en fournissant les ouvrages de la Cour ?

C'est tout à la fois une mortification pour leur attachement envers la personne du Roi, & un dommage dans leur fortune; la Cour, comme on le sait, donne le ton à presque tout le reste : si un Artiste qui s'y trouve placé par état n'y est point employé, il en résultera, pour le moins, beaucoup de langueur dans son Commerce, & un homme qui a acheté une Charge qui devoit l'enrichir & lui donner de la considération, n'en acquérera aucune, & perdra au contraire sa fortune; c'est le cas où sont à présent les Horlogers du Roi, à qui on dit tous les jours à ce sujet, des choses déplacées & pénibles à entendre, pour des Officiers aussi attachés au service de Sa Majesté.

J'avouerai que la manière dont plusieurs Horlogers du Roi se sont comportés depuis longtemps, en quittant ou négligeant l'Art qu'ils professent, a pû leur faire tort. Des quatre Horlogers de Sa Majesté) & même des cinq, en comptant M. le Faucheur, fils, Horloger en survivance), qu'on voit de trois en trois mois à la Cour, on n'en trouve que deux avec un établissement à Paris. Je sens que d'après cela, on n'a pas trop dû croire que les Horlogers de Sa Majesté fussent réellement des Horlogers ; on a pû penser au contraire, que ces Charges n'étoient qu'une affaire de représentation, uniquement destinée à augmenter le nombre des Officiers de la Maison du Roi, ce qui pourroit peut-être avoir beaucoup contribué à les faire négliger.

La plûpart des Horlogers du Roi ont agi comme s'ils avoient crûs qu'étant Horlogers de Sa Majesté, ils ne devoient plus l'être de personne. Je pense tout au contraire, que le vrai moyen de se rendre digne de cette qualité, seroit de travailler & de s'appliquer plus que jamais à son Art, parce que plus on travaille & l'on fait travailler, plus les lumières s'étendent, & plus on fait de pas vers la perfection.

Qu'arrive-t-il du peu d'emploi qu'on fait des Horlogers du Roi? Qu'ils sont obligés sans cesse d'importuner les Ministres, & d'implorer les graces de Sa Majesté pour obtenir des pensions ou des gratifications, qui puissent les mettre à portée de soutenir avec honneur un état dispendieux, par l'obligation où l'on est d'y paroître comme il convient à des Officiers qui approchent de la personne du Roi, & qui ne doivent point faire un contraste humiliant avec le reste de la Chambre. Ces démarches sont toujours affligeantes pour un Artiste qui, animé d'une noble émulation, ne voudroit rien devoir qu'à son talent, & aux occasions qu'on pourroit lui procurer de le mettre en valeur. Seule manière honnête de se soutenir sans être à charge à l'État; chose toujours douloureuse pour un zélé Citoyen & un bon serviteur du Roi.

FIN.

www.ingramcontent.com/pod-product-compliance
Ingram Content Group UK Ltd.
Pitfield, Milton Keynes, MK11 3LW, UK
UKHW021036200726
13857UKWH00004B/1757

9 782012 860780